AF262501

VOYAGE HUMORISTIQUE

DANS LE

CHABLAIS ET LA SUISSE

PAR

Eugène CORTET

Secrétaire de la Rédaction de l'Annuaire des Sociétés savantes
de la France et de l'étranger,
De la Revue mensuelle l'Analyse;
Membre correspondant des Sociétés d'Émulation du Jura,
De Montbéliard et du Doubs,
De la Société d'Agriculture, Sciences et Arts de Poligny,
De la Société d'Agriculture de Joigny,
etc., etc.

PRIX : 1 franc.

PARIS

ERNEST THORIN, LIBRAIRE-ÉDITEUR
58, boulevard Saint-Michel.

1866

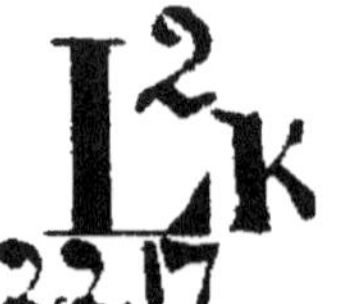

VOYAGE HUMORISTIQUE

DANS

LE CHABLAIS ET LA SUISSE

IMPRIMERIE A. LANÇON ET FILS, A LONS-LE-SAUNIER.

VOYAGE HUMORISTIQUE

DANS

LE CHABLAIS ET LA SUISSE

Par Eugène CORTET

Secrétaire de la Rédaction de l'*Annuaire des Sociétés savantes
de la France et de l'étranger,*
De la Revue mensuelle l'*Analyse ;*

Membre correspondant de la Société d'Emulation du Jura,
De la Société d'Emulation de Montbéliard,
De la Société d'Agriculture, Sciences et Arts de Poligny,
De la Société d'Agriculture de Joigny,
etc., etc.

PARIS

ERNEST THORIN, LIBRAIRE
58, boulevard Saint-Michel.

1866

VOYAGE HUMORISTIQUE

DANS

LE CHABLAIS ET LA SUISSE.

I.

Plaisirs du voyageur.

Un spirituel écrivain, M. Oscar Commettant, a dit quelque part : « Après le plaisir de voyager, je n'en connais pas de plus grand que celui de conter des voyages. » Le premier plaisir, je l'ai éprouvé avec les plus vives émotions ; quant au second, je n'en ai pas la première idée ; et c'est pour me livrer à cet autre charme raffiné dont parle M. Commettant, que j'entreprends de vous faire connaître les impressions que j'ai ressenties, lors d'une petite excursion faite au commencement du printemps dans le Chablais et la Suisse.

Cette relation, je ne l'entreprendrai point à la manière des Trimmomanes , car j'ai une trop grande horreur des phrases hachées, des alinéas disséqués, pour utiliser ce moyen employé par des écrivains payés à la ligne. Si malgré cela, lecteurs, vous trouvez assez d'intérêt dans ce sujet, et si je suis assez heureux pour vous communiquer mes impressions, tout sera pour le mieux, et je serai pleinement satisfait.

Ce préambule posé, entrons en matières..... ou plutôt en wagon.

II.

A travers la portière d'un wagon.

Parti de Paris à 3 heures 30 minutes du soir par le train dit omnibus, je ne me livrai, jusqu'à Montereau, qu'à la contemplation des bords riants et fleuris de ce capricieux fleuve qui, après mille détours, va, avant de se jeter dans l'Océan, dérouler ses longs anneaux dans cette capitale du luxe et des plaisirs que l'on appelle Paris.

Montereau passé, les bords de l'Yonne, non moins fleuris et non moins riants que ceux de la Seine, s'offrirent à mes yeux ; c'était un spectacle dont je ne me lassais guère. En effet, lorsque, après avoir été enfermé pendant toute la saison d'hiver dans les murs d'une ville bruyante comme celle que je quittais, on se trouve par un beau jour de mai en pleine campagne, au milieu d'une nature émaillée de fleurs et de verdure, éclairée par un beau soleil de printemps, on est saisi d'admiration. Cet enivrement de la première heure est délicieux , c'est comme un bain de lumière transparent d'où l'on sort rafraîchi et changé complètement. N'aurait-on devant les yeux que « des arbres et le ciel, deux choses qu'on ne voit pas à Paris, » dit Victor Hugo, que cela suffirait à l'imagination. Le pays que je traversais, du reste, est l'un des plus fertiles que l'on puisse rencontrer, et cette luxuriante végétation était bien faite pour porter à la rêverie.

Mais, à cette époque de l'année, les jours sont courts, et la nuit vient bientôt étendre son linceul épais sur ce délicieux panorama. Les lampions des wagons sont allumés et projettent dans le compartiment une lumière trop pâle pour lire et trop vive pour se livrer aux douceurs du sommeil. A cela, vient s'ajouter le bruit de tonnerre que produit le train lorsqu'il traverse les nombreux tunnels qui sont sur son passage.

La réunion de l'agrément à l'utile est un idéal difficile à atteindre. On maudissait autrefois, — et il n'y a pas bien longtemps, les diligences qui ballotaient leurs voyageurs plus que de raison : on maudit aujourd'hui les chemins de fer, qui nous laissent cependant la faculté de voir beaucoup de pays dans le cours de quelques heures.

Dijon, Chalon-sur-Saône, Mâcon, sans parler des autres petites stations, disparaissent tour à tour derrière nous, et l'aurore commence à poindre dans le ciel. Les étoiles ne jettent plus leur reflet d'argent ; une teinte grisâtre, s'étendant en larges plaques, envahit l'horizon ; une lueur pâle, qui n'est pas encore le jour, remplace les ténèbres et laisse, à travers le rideau de brume qui s'élève de la terre comme un nuage de fumée transparente, le regard s'étendre et deviner les accidents du paysage, qui tour à tour se dégagent du milieu des vapeurs où ils étaient ensevelis ; puis tout à coup une gerbe de feu s'élance à l'horizon, un immense embrasement monte dans le ciel avec une rapidité extrême en l'illuminant de reflets pourprés. Le soleil apparaît : aussitôt tout change et renaît comme au coup de baguette magique d'un puissant enchanteur ; le paysage, si triste quelques instants auparavant, devient subitement gai et riant. Nous embrassons d'un seul coup d'œil le vaste horizon de cette belle province de la « Bresse bocagère et plane, comme la grasse Attique ruisselante d'huile, entre le Pirée et Athènes.

« L'olivier de la Bresse, ajoute l'illustre poète à à qui l'on doit ces lignes, M. de Lamartine, c'est le pâle saule qui ne verse que l'ombre légère aux vaches blanches des prairies, et qui, tondu tous les trois ans par la serpette de l'émondeur, penche son tronc chauve sur les mares et sur les étangs. » De temps en temps j'aperçois aussi, comme une vision, le pittoresque costume de quelque Bressane qui se rend, à en juger par le panier suspendu à son bras, à la ville la plus voisine pour y vendre soit du beurre, des œufs, soit quelques-unes de ces fines volailles si bien appréciées par les gourmets.

Voici maintenant Bourg, dont on n'a que le temps d'apercevoir les clochers aigus, et, en dehors de la ville, la fameuse église gothique de Brou ; Ambérieux, ancienne capitale du Bugey, où le paysage change d'aspect. La voie ferrée s'élance à partir de ce moment dans un dédale inextricable de rochers nus et sauvages ; quelquefois une statue de la Vierge élevée au sommet de l'un d'eux par la piété des habitants, sur les ruines d'un manoir féodal renversé par l'ouragan révolutionnaire de 1789, vient rompre la monotonie du paysage et jeter comme un rayon de soleil sur cette nature désolée. Le Rhône, que l'on trouve au sortir de Culoz, embranchement de la ligne du chemin de fer de Victor-Emmanuel, et qu'on laisse à gauche pour prendre la direction de Genève, apporte aussi une nouvelle distraction. Ce fleuve alimente une quantité de fabriques établies sur son cours ; ses eaux terreuses montrent assez son indocilité ; néanmoins, pour s'opposer à ses terribles ravages, on lui assigne des limites qu'il sera forcé de respecter. La voix du conducteur annonce peu de temps après Bellegarde : l'uniforme des douaniers suffirait seul à m'indiquer que nous sommes sur la frontière, si je ne le savais point. Le nom de ce lieu vient juste à temps me rappeler que le fort de l'Ecluse se trouve dans les environs ; mes souvenirs

ne m'ont pas trompé. Je n'ai que quelques se-
condes à accorder à ce hardi poste, bâti comme un
nid d'aigle sur le versant d'un colossal rocher, et
dominant la seule échancrure qui permette au
Rhône de s'échapper des montagnes. La sentinelle,
l'arme au bras, sur le pont-levis, me fait l'effet, à
cette distance, de ces petits soldats de plomb avec
lesquels s'amusent les enfants. La construction de
ce fort est vraiment d'une hardiesse effrayante. Le
tunnel dans lequel nous nous engageons pour traverser le Credo le cache presque aussitôt à ma vue;
mais au bout de sept minutes d'un vacarme infer-
nal (ce tunnel n'a pas moins de 3,900 m.; il a
coûté 7,450,000 fr. d'établissement, c'est l'un des
plus grands que j'ai remarqués pendant tout le
parcours), on est largement dédommagé par la vue
du Mont-Cenis, encore couvert de neiges à cette
époque.

La dernière station française, Collonges, est dé-
passée; nous voici maintenant en plein territoire
suisse. Chancy est la première station où l'on remarque la croix fédérale. De Satigny, on peut déjà
voir la chaîne du Mont-Blanc, ce géant des montagnes européennes, qui se développe et grandit à
mesure que l'on avance; l'œil se repose aussi très-
agréablement sur de jolis chalets à bois dentelés
et découpés à jour, comme on n'en trouve qu'en
Suisse. Enfin on crie : Meyrin; c'est la dernière
station, à laquelle on ne s'arrête pour ainsi dire
pas. Le monstre de fer vomit un épais nuage de
fumée, jette sa note aiguë qui retentit douloureuse-
ment dans mon tympan, et s'arrête..... il est au
terme de sa course, à Genève, capitale de cette
vieille république helvétique que Voltaire avait la
prétention de poudrer entièrement lorsqu'il se-
couait sa perruque. Mais le grand homme avait la
manie satirique, et on ne s'étonnera pas qu'il ait

fait de cette ville le portrait suivant : « Une ville peuplée de vingt-quatre mille raisonneurs, une pétaudière ridicule ; la petitissime, la parvulissime, la très-pédantissime république. »

Ma première impression fut favorable à cette cité, car le quartier qui avoisine la gare est très-bien bâti ; de larges rues bien entretenues, où l'air circule librement, donnent de suite une bonne idée de l'administration fédérale.

III

Genève et son lac.

Mon premier soin, en arrivant à Genève, fut de m'enquérir des moyens de transport pour me rendre dans le Chablais. On me dit que le seul bateau à vapeur qui faisait à ce moment le service du lac, était parti à neuf heures du matin. Il ne me restait d'autre ressource que la diligence : même désappointement ; on avait aussi modifié l'heure de son départ, qui avait lieu à huit heures du matin. Ma résolution fut dès lors arrêtée, et, en voyageur peu gâté par les dons de dame Fortune, au lieu d'aller à l'hôtel de la Métropole, comme le ferait tout bon financier, ou comme un Anglais à l'hôtel Victoria ou des Bergues, je me fis conduire dans un établissement plus modeste, à l'hôtel du Mont-Blanc, pour passer la nuit. Je recommande cette maison aux touristes qui ne veulent pas être « écorchés, » comme l'on dit vulgairement.

Fatigué par un trajet de vingt heures en wagon (on n'ignore pas que la distance de Paris à Genève est de 626 kilomètres), aiguillonné par des besoins matériels qu'il n'est pas possible de calmer pendant le voyage, je sacrifiai mes loisirs à la faim et au repos, avant de rien entreprendre. C'est que l'opéra comique qui dit :

> Qu'on est heureux de trouver en voyage
> Un bon souper et surtout un bon lit,

a un caractère de vérité que je n'étais pas fâché de mettre en pratique.

Le lendemain, frais et dispos, je me dirigeai vers le jardin anglais, dont je n'étais qu'à quelques pas ; j'en parcourus les allées, assez solitaires à ce moment de la journée (il était 9 heures environ). Mais la vue de ce lac si vanté par Jean-Jacques Rousseau, Voltaire, lord Byron, Victor Hugo et tant d'autres m'attirait ; je me laissai conduire par cette volonté, plus forte que la mienne, et bientôt je tombai en extase devant ce magnifique tableau, en murmurant ces vers de Lamartine :

> O Léman ! . . . .
> Jamais Dieu versa-t-il sur sa terre choisie,
> De sa corne de dons, d'amour de poésie,
> Plus de noms immortels, sonores, éclatants,
> Que ceux dont tu grossis le bruit lointain du temps ?
> L'amour, la liberté, ces alcyons du monde,
> Combien de fois ont-ils pris leur vol sur ton onde
> Ou confié leur nid à tes flots transparents ?

Plusieurs bateaux à vapeur, des bateaux de pêche et un grand nombre de barques de promenade se balançaient gracieusement dans le port, où règne presque toujours une certaine animation. Joignez à cela l'ombre des montagnes dans lesquelles le lac est enfermé, et qui se projette sur sa surface en lignes d'un beau bleu ou d'un violet sombre, le soleil qui lui donne une teinte pourprée, et vous aurez à peu près une idée de ce tableau magique... Mais il ne serait sans doute pas inutile de dire quelques mots de ce lac.

Le lac Léman ou de Genève, comme l'on voudra, est l'un des plus grands et des plus beaux de l'Europe. Voltaire n'exagérait pas lorsqu'il disait : « Mon lac est le premier. » Il a la forme d'un croissant et occupe le milieu d'une large vallée qui sépare les Alpes de la chaîne du Jura. Le Rhône, en sortant du Valais où il a sa source, vient traverser cette vallée. Il y trouve un grand bassin creusé par la nature ; ses eaux remplissent ce bassin et forment ainsi le lac Léman. Après s'être dépouillé de son limon, le Rhône sort brillant et pur de ce vaste réservoir et vient, avec ses eaux diaphanes et rapides, traverser la ville de Genève. C'est dans l'enceinte même de cette ville que se termine l'extrémité inférieure du lac. Le fleuve, resserré de nouveau dans un lit étroit, y reprend son cours et son nom qu'il avait perdu à l'extrémité supérieure, en s'y déchargeant, ou, pour parler plus juste, en s'y développant sur une surface de 40 lieues carrées.

Le lac Léman est élevé de 374 mètres 91 centimètres au-dessus de la mer. Sa longueur totale, en prenant Genève et Villeneuve pour points extrêmes, et en suivant la courbe moyenne droite par la rive suisse, est de 19 lieues ; en ligne droite elle n'est que de 14 lieues. Sa plus grande largeur est, entre Thonon et Rolle, de 15 kilomètres. Quant à sa profondeur, les dernières sondes faites en 1827 par M. de la Beche, membre de la Société royale de Londres, ont trouvé 310 mètres à une lieue environ au nord d'Evian, 308 au-dessous de Maxille, et 272 entre Cully et Meillerie.

Une ligne ferrée établie au bord du lac sur la rive suisse, qui passe à Copet, Nyon, Rolle, Morges, Lausanne, Vevey, Villeneuve, et, sur la rive savoisienne, des diligences qui touchent Douvaine, Thonon, Evian, Meillerie, Saint-Gingolphe, le

Bouveret et vont rejoindre la station de Villeneuve, permettent de faire facilement le tour du lac. Toutefois, pour admirer les beaux sites de la Savoie et de la Suisse, il ne faut pas faire comme saint Bernard, abbé de Clairvaux, qui vint à Genève vers 1150. « Ce grand saint, dit un écrivain du temps, » était si rempli de ses pensées et de méditations pieuses, qu'il ne remarquait pas les pays par lesquels il passait. Ayant marché tout un jour le long du lac Léman, ses compagnons s'entretenaient le soir de la beauté de cette vaste pièce d'eau ; saint Bernard leur demanda où était donc ce lac qui les avait si fort frappés. Le bon saint l'avait côtoyé toute une journée sans y prendre garde.

On peut également faire le tour du lac en voiture particulière. Là aussi, je recommanderai aux excursionnistes de ne pas se servir de l'incommode char-de-côté, encore en usage dans ce pays, mais que l'on relègue cependant au rang des antiquités ; ils risqueraient de renouveler l'anecdote de cet Anglais qui ayant voulu, il y a quelque vingt ans, se servir d'un pareil moyen de locomotion, rentra à Genève sans avoir vu la moindre partie du lac, pour lequel il était venu exprès de Londres. Il crut qu'on l'avait mystifié en lui vantant les beautés du lac, et, furieux, fit atteler des chevaux de poste et partit pendant la nuit. Arrivé en Angleterre, il écrivit dans tous les journaux que le lac tant chanté par Voltaire n'était qu'une chimère, que le grand homme n'était qu'un imposteur, et qu'il s'était joué de la crédulité de ses compatriotes, assez imbéciles pour se laisser prendre au piége. On eut bientôt le mot de l'énigme : l'honorable gentleman s'était servi d'un char-de-côté pour son excursion, et, en partant par la rive orientale et méridionale du Chablais, il avait constamment tourné le dos au lac, qu'il cherchait en vain devant lui.

De nombreux et confortables bateaux à vapeur permettent aussi de côtoyer les deux rives du lac et de le traverser : c'est l'un des meilleurs moyens de transport, en ce sens qu'il permet de voir les monts, les pics, les villes, les villages et les coquettes villas qui se mirent dans les eaux d'azur du Léman, et aussi les hardis viaducs du chemin de fer suisse. Je m'arrachai à ma contemplation pour aller voir les eaux bleues du Rhône (*blue waters of the arrowy*, comme a dit lord Byron), qui sort du lac limpide, diaphane, clapotant, pailleté ; c'est un passe-temps auquel les badauds étrangers manquent rarement de se livrer, dit-on. Je pris ensuite le pont qui conduit à l'île de Jean-Jacques Rousseau, jolie promenade ornée de bancs, où ont lieu des concerts en été. La ville de Genève, après avoir brûlé l'*Emile* par la main du bourreau et lancé un mandat d'arrêt contre l'auteur, lui a élevé une belle statue de bronze due au talent reconnu de Pradier. Un granit des Alpes, poli, supporte la statue du bon et pauvre Jean-Jacques, représenté assis, drapé à l'antique, dans une attitude à la fois simple et noble ; il tient un livre à la main et paraît plongé dans une profonde méditation.

Pour dépenser les quelques heures que j'avais encore devant moi, je m'élançai dans les quartiers commerçants ; je me collai aux vitrines des bijoutiers pour me rendre compte de la réputation que s'est acquise l'industrie horlogère de cette ville ; la richesse des montres et le goût vraiment artistique avec lequel elles sont travaillées, méritent certainement qu'on leur sacrifie quelques moments.

L'hôtel des Postes, presque à l'extrémité de la ville, est très-somptueux, ce que l'on ne peut pas accorder au nôtre, celui de Paris, qui ne pourrait guère entrer en comparaison. La cathédrale de Saint-Pierre, noble et grandiose édifice situé au point culminant de la ville, est du style architectural de la transition mêlé à celui des treizième et quatorzième siècles. Ce travail n'est pas sans mérite par lui-même.

Je vous ai montré le beau côté de la ville ; voyons maintenant l'autre.

Derrière la rue du Rhône, — c'est bien son nom, autant qu'il m'en souvient, — s'élèvent de hautes maisons que le temps a noircies, percées de fenêtres larges comme des meurtrières, sans volets — ce luxe y est inconnu, paraît-il, — des rues étroites, pavées de cailloux ronds et reliées entre elles par de longs et sombres corridors, de vrais coupe-gorges, que l'on n'éclaire même pas pendant la nuit et où règne constamment l'humidité et une odeur désagréable ; une population hâve et déguenillée : voilà pour la seconde moitié de Genève.

Maintenant, si vous voulez connaître les Genevois, je puis vous donner le portrait qu'en traçait en 1846 M. Alfred de Bougy : « Les Genevois n'ont pas changé et ne changeront jamais ; ils ont la mine froide et raide, l'abord sec, le ton sentencieux et doctoral, l'air biblique, ils sont gourmés et collet-montés ; au fond pourtant, ils valent mieux, je crois, que leurs dehors. »

IV.

Sur le lac.

Le bateau *l'Italie* chauffait au port, j'y fis transporter mes bagages, et quelques minutes après il glissait rapidement sur l'onde. De chaque côté de ses flancs, les aubes faisaient jaillir des flots d'écume aux reflets cristallins et scintillants. Au loin, je vois l'amphithéâtre de collines qui s'arrondit autour de la ville de Genève, le mont Jura, couvert de neige à son sommet, et une forme blanche, élevée, qu'on me dit être le Mont-Blanc; le brouillard m'empêche bientôt de le distinguer. Une pluie fine et serrée ne me permit pas de rester plus longtemps sur le pont ; comme tous les passagers, je dus chercher un refuge dans les salons; tous s'accommodèrent gaîment de ce contre-temps : les uns cherchèrent des distractions dans le jeu, les autres dans la conversation ou la lecture ; quant à moi, je me contentai de regarder les perles que formait la pluie en tombant dans le lac, et les ondulations que produisait le bateau dans sa marche. Cette contemplation m'aurait infailliblement conduit à la rêverie, si un Anglais dont j'avais déjà reconnu à ses favoris roux la nationalité sur le pont, et à ses épithètes de *délicious! splindid! beautifull! lovely*, etc., ne m'en eût tiré.

— *You speak english?* me dit-il. Ce brave Anglais, qui sans doute avait cru reconnaître en moi un de ses compatriotes, quoique cependant je n'aie pas de favoris roux, fut bien dépité lorque je lui eus fait connaître par un non formel que j'ignorais sa langue.

Le steamer touche successivement Belle-Rive, Hermance, Tougues, Nernier, Yvoire, où le lac, s'élargissant tout à coup, forme une espèce de golfe. Nous sortons ici du « *petit lac* » et pénétrons dans le « *grand lac.* » Voici ensuite Thonon, encore remplie des souvenirs de saint François de Sales ; Ripaille avec sa tour ronde, dans laquelle un noyer déploie ses branches au sortir de cette ceinture de pierre ; la fougueuse rivière de la Dranse, que l'on n'a jamais su encaisser ni contenir ; Amphion, avec ses beaux ombrages et son humide verdure. La cloche du bord signale encore une station : Evian-les-Bains, seconde ville du Chablais et qui tend à en devenir la première, coquettement assise au bord du Léman. Là se terminait mon voyage nautique, qui avait duré trois heures.

V.

Chablais et Chablaisiens.

J'ai cité, il me semble, plusieurs fois le nom du Chablais sans vous dire ce qu'était et ce qu'est encore cette province. Le premier dictionnaire venu vous en aurait appris à cet égard autant que j'en sais ; mais pour vous éviter cette peine, je vais vous l'apprendre.

Le Chablais, anciennement habité par les Allobroges, passa sous la domination romaine lors de l'asservissement des Gaules. Les Romains entretenaient des haras dans ce pays, d'où lui vient le nom de *Caballica provincia*, dont Chablais n'est qu'une corruption. Il fit ensuite partie de la Gaule Narbonnaise, de la Viennoise, de la Bourgogne, et fut donné par l'empereur Conrad au comte Humbert-aux-blanches-mains, qui jeta les fondements de la dynastie de Savoie. Le Chablais, qui s'étendait alors dans le Bas-Valais jusqu'à Martigny, était, au commencement du XI⁰ siècle, sous la juridiction de Saint-Maurice ; il en sortit pour passer dans le domaine des princes de Savoie. Plus tard, Berthololti, en parlant de cette province, disait qu'elle était « la perle la plus petite, mais la plus brillante de la couronne de Savoie. »

Réunie à la France en 1792 et comprise d'abord dans le département du Mont-Blanc et ensuite du Léman, dont Genève était le chef-lieu, cette province fut rendue à la Savoie et reprit son nom de

Chablais, sous la Restauration. L'annexion de 1860 nous l'a rendue, ce qui lui a valu le privilége d'être déclarée *zone*, c'est-à-dire que toutes les marchandises peuvent y entrer sans paiement d'aucun droit. Son nom s'est fondu dans celui de *Haute-Savoie*.

Ce pays produit surtout des châtaignes dont se nourrissent les populations peu aisées ; on en fait de la purée qui n'est véritablement pas trop mauvaise, ou bien encore on les fait cuire dans la cendre ; cela s'appelle des *brisolons*. La production des cerises est aussi une branche importante du commerce ; on en extrait le kirschwasser, — on l'appelle vulgairement ici « eau de cerises » — supérieur à celui de la Forêt-Noire. Il s'y fait aussi un grand commerce de fromages.

« Le Chablaisien » dit un historien du pays, M. J. Dessaix, est affable et hospitalier; le sexe est remarquable dans plusieurs localités, et le montagnard est doué de la plus robuste constitution. On retrouve le type de la race bourguignonne dans les habitants de cette province, qui ont en général une taille élevée, les yeux bleus, les cheveux blonds et la peau blanche. »

Ce portrait est peut-être un peu flatté ; cependant j'y ajouterai que la politesse envers les étrangers est encore l'une des qualités du Chablaisien. Mais il est une chose dont ne parle pas l'historien et que j'ai remarquée lorsque les populations se rendaient à la foire ou au marché d'Evian : ce sont les infirmités dont un grand nombre des habitants sont affligés.

Je veux parler du goître et du crétinisme, ces deux terribles maladies pour lesquelles on a mis toutes sortes de théories en avant sans jamais pouvoir les vaincre.

Il est vraiment pénible, au milieu de toutes ces beautés où la nature semble avoir réuni ses plus grande puissance pour exciter de fortes émotions et élever l'âme, de voir des malheureux atteints de semblables maladies. Le goître surtout prend des développements quelquefois étonnants, et j'ai vu un montagnard, jeune encore, qui avait, sans exagération, un goître certainement aussi gros que la tête d'un enfant. Cette infirmité est cependant plus fréquente chez les femmes que chez les hommes.

Disons néanmoins que l'administration, qui ne néglige rien pour assurer le bien-être des populations, a déjà tenté quelques efforts pour faire disparaître ces deux lèpres du Chablais. Elle a fait abattre quantité de châtaigniers qui ombrageaient les habitations et les tenaient dans une continuelle humidité; elle a pris, enfin, des mesures sanitaires qui auront, j'en suis sûr, les meilleurs résultats; et nul doute que si elle continue, on n'arrive sinon à extirper totalement de cette contrée le goître et le crétinisme, — ce qui ne peut se faire qu'avec le temps, — du moins à en préserver les générations futures.

J'arrive maintenant à parler d'Evian, où j'ai laissé les lecteurs pour leur faire connaître le Chablais.

VI.

Evian-les-Bains.

Je ne ferai pas ici l'histoire d'Evian, car des plumes plus accréditées que la mienne ont déjà accompli cette tâche ; je me contenterai de parler des souvenirs les plus saillants qui s'y rattachent.

Ce fut là que Mme de Warens, qui était venue pour voir la cour du roi de Sardaigne, prit la détermination de renoncer à la religion réformée, après avoir assisté à un sermon de l'évêque Rossillon de Bernex. Les habitants de Vevey étaient mécontents de cette abjuration, et ils menaçaient de mettre le feu à Evian et d'enlever Mme de Warens à main armée, au milieu même de la cour, lorsque le roi, pour éviter toute tentative, la fit partir sur-le-champ pour Annecy, avec une escorte de quarante gardes.

Le livre que M. Joseph Dessaix a consacré à l'histoire d'Evian et de Thonon, me fournit une trop curieuse anecdote pour que je ne la raconte pas ici.

C'était dans le siècle dernier; l'un des souverains, dont on a perdu le nom, visitait à petites journées le berceau de ses ancêtres et était attendu à Evian. Toutes les maisons étaient pavoisées de feuillages, de guirlandes et de fleurs. Un magnifique arc de triomphe en mousse, couronné par les armoiries de la ville (un gros poisson qui en mange un petit), s'élevait à l'entrée de la ville, à la porte d'Allinge, et les autorités locales attendaient la venue du monarque. La foule était compacte et la garde bourgeoise formait la haie au milieu de laquelle devait passer le cortége royal. La vue d'une estafette qui arrivait ventre à terre annonçait que le roi ne se ferait pas attendre. Le capitaine de la garde ordonna à ses soldats de se tenir dans la plus complète immobilité. Cette position était par trop gênante pour des soldats d'occasion. L'un d'eux, plus fatigué que les autres sans doute, interrompit bientôt le silence général qui s'était fait.

— *Capteine !* appela-t-il.

A cette interpellation, le capitaine s'approche :

— *Té que te veu mn'infant ?* (qu'est-ce que tu veux, mon enfant).

— *Mochi mé* (mouchez-moi), répondit le troupier en lui présentant son nez.

L'histoire ne dit pas si le capitaine fut assez

complaisant pour rendre le service qu'on lui demandait.

Évian compte environ 2,500 âmes. Cette jolie petite ville est assise sur une gracieuse colline, et sa situation au centre d'une végétation luxuriante la recommande comme un délicieux séjour. Le port qu'on vient d'établir et qui doit se poursuivre plus loin est, avec la route du Simplon, l'une des promenades les plus fréquentées par les étrangers. Ses sources alcalines ferrugineuses, abondantes et salutaires, y attirent chaque année de nombreux étrangers.

La source *Cachat*, découverte en 1798, et la source *Guillot*, sont exploitées par une société anonyme des eaux minérales de Cachat, qui a un dépôt à Genève. Cette eau n'a aucune odeur; employée à haute dose, soit en boissons, bains, douches et lotions, elle est d'une efficacité incontestable dans une foule de maladies.

En outre, prise à petite dose, cette eau, par l'absence complète de sulfate de chaux, se recommande comme type des eaux potables : l'acide carbonique, le chlorure de sodium et le carbonate de soude qu'elle renferme facilitent la digestion et ne produisent pas l'inconvénient de fatiguer l'estomac, comme le font les eaux de soude factices. Les éléments utiles à la digestion renfermés dans cette eau à une juste proportion font qu'elle peut être prise indéfiniment comme boisson ordinaire, et les hygiénistes n'hésitent pas à la recommander comme la meilleure eau de table.

Elle se conserve indéfiniment et peut se transporter aux plus grandes distances, sans altération aucune.

Elle s'expédie pour le bassin du lac Léman en bonbonnes ou en bouteilles, et pour l'étranger en bouteilles de verre blanc de la contenance d'un litre, avec étiquette de papier rose. Le nom de la source est sur la capsule qui enveloppe le goulot de la bouteille, et le bouchon, dans sa partie inférieure, est marqué à feu du cachet de la société.

L'établissement des bains Cachat domine la ville; c'est un vaste et bel hôtel d'où l'on jouit d'une vue splendide sur le lac, le canton de Vaud et le Jura. On rencontre toujours dans les salons une société nombreuse et distinguée, et souvent on y organise des bals et des concerts.

N'allez pas croire que je suis payé pour faire ici une réclame en faveur de cet établissement. Si je me suis étendu sur la propriété de la source Cachat, — propriété que je ne garantis pas, du reste, — ce n'est, croyez-le bien, que dans le dessein d'être utile aux personnes qui, tous les ans, ont l'habitude de se rendre dans une ville d'eaux et qui manquent quelquefois de renseignements.

Cet établissement n'est pas le seul ; il y a également celui de *Bonnevie*, qui date de 1859; on y a introduit depuis peu un système de douches approprié à toutes les exigences de la thérapeutique.

Beaucoup de buveurs d'eau vont aussi à la source de la Petite-Rive, sur la grève du lac. Une jolie route, ombragée d'un côté, y conduit en vingt minutes : c'est la route du Simplon, ouverte par Bonaparte lorsqu'il alla surprendre et écraser les Autrichiens. Elle conduit aux rochers de Meillerie.

Les eaux ne manquent pas, on le voit, à Evian ; il y en a pour tous les goûts. Je pourrais encore vous citer la source de la Grande-Rive, la source Corporeau et les deux sources Montmasson; mais elles ne sont presque pas utilisées, ces deux dernières surtout.

L'air d'Evian est doux, pur et bienfaisant, et quand les baigneurs ont passé une saison dans cette ville, il est rare qu'ils n'y reviennent pas. Les sujets de distraction ne manquent guère : le baigneur a le casino, les promenades et l'arrivée des bateaux à vapeur, plaisir toujours nouveau, quoiqu'il se répète quatre ou cinq fois par jour. Le touriste rencontre la dent d'Oche, les Memises, etc., les ruines des châteaux des Allinges et de Larringes, le château de Chillon, de Montreux, le bosquet de Julie, Vevey, Lausanne, Genève, l'abbaye d'Abondance, et une foule d'autres points intéressants à visiter dans les environs.

VII.

Neuvecelle.

Montons maintenant au hameau de Neuvecelle, dont le gracieux clocher, que l'on aperçoit d'Evian, jette des reflets d'argent. Pour y arriver, il me faut gravir un

> Chemin montant, sablonneux, malaisé,
> Et de tous côtés au soleil exposé!

A droite et à gauche de ce chemin, où le macadam n'a pas encore porté ses bienfaits, s'élèvent des formes bizarres que l'on prendrait aisément pour une armée de spectres étendant leurs bras décharnés. Rassurez-vous. Ce sont des arbres que l'on a transplantés après avoir préalablement coupé les racines, l'extrémité des branches et enlevé l'écorce.

Au pied de chacun de ces arbres, que l'on appelle des « crosses » dans le pays, poussent trois ou quatre vigoureux ceps de vigne qui enlacent son tronc et ses branches et le couvrent à cette époque de l'année de leur abondante végétation. Cette manière de cultiver la vigne n'est pas générale dans le Chablais, heureusement, car si la production est abondante, la qualité laisse beaucoup à désirer.

Dix minutes après être sorti d'Evian, j'étais installé dans le château de Neuvecelle, où l'on m'attendait. Ce château n'a d'antique que le nom; à l'exception de deux vieilles tours dont on ne saurait préciser l'époque, tout le reste est moderne. C'est là que Montalembert venait, loin du bruit, des villes, se recueillir et puiser des inspirations pour ses savants ouvrages. Une vue sur le lac, au delà duquel on distingue le mont Jura sur une longueur de douze lieues, les Alpes vaudoises et la ville de Lausanne sur le versant, un vaste jardin, un pré orné de bancs, où Montalembert composait la préface de ses *Moines d'Occident*, et une ferme où il trouvait tout ce qui était nécessaire à la vie matérielle: c'était bien plus qu'il n'en fallait pour cet écrivain distingué, l'une des gloires de la France.

Ma chambre était justement située au-dessus de celle qu'il avait habitée, et j'avais un certain plaisir à contempler le spectacle dont il avait joui tant de fois. Les fureurs du lac (1); les bateaux à vapeur qui le sillonnent en tout sens et que je suivais des yeux jusqu'à ce qu'ils fussent perdus dans l'éloignement; les barques de pêche avec leurs voiles latines; tout, jusqu'à la fumée des locomotives du chemin de fer de la rive suisse, et les ondulations des collines savamment découpées et encore mieux réussies qu'à l'opéra, était sans cesse, au milieu de ce ciel bleu qui se reflétait dans cette petite « mer des Alpes, » un charme nouveau pour moi. On se lasse difficilement d'un pareil spectacle;

(1) On n'ignore pas que le lac de Genève est très-capricieux; il est sujet à des coups de vent terribles qui l'agitent subitement, et qu'annonce une ligne noire qui s'étend sur la rive suisse. Le nombre des embarcations qu'il a déjà englouties est grand. Un navigateur au long cours, assailli un jour par une tempête sur le lac, voyant le danger qui le menaçait, ne put s'empêcher de dire: « Comment, j'aurais fait sur mer six fois le tour du monde, j'aurais sillonné tous les Océans sans encombre, pour venir mourir dans un... crachat ? Passez-moi le mot.

on se sent comme imprégné de je ne sais quelle volupté inconnue; on la respire dans l'air lumineux, et on se demande pourquoi l'on se résigne ailleurs quand il serait si facile de vivre là. Je comprends que Montalembert se soit attaché à cette résidence.

La première chose que l'on puisse faire à Neuvecelle est d'aller voir l'énorme châtaignier auquel les baigneurs d'Evian manquent rarement de rendre une visite de courtoisie. Il était tout simple qu'en étant si près, j'y allasse avant de me livrer à aucune excursion. Ce vénérable doyen est véritablement surprenant; il se divise en quatre tiges principales, s'élevant à 60 pieds de hauteur. Sa circonférence n'a pas moins de 14 mètres. Le tronc principal est creux, et cinq hommes pourraient y être parfaitement à l'aise. On m'a même dit que quatorze élèves du collége d'Evian s'y étaient logés ensemble. Le rigoureux hiver de 1708 à 1709, qui a fait périr tous les châtaigniers des environs, pas plus que la foudre, qui maintes fois lui a laissé des traces de son passage, n'ont pu avoir raison de ce géant; il se dresse encore fièrement comme un souvenir des siècles passés.

Une délicieuse légende se rattache à cet arbre; elle est assez jolie pour que nous lui donnions une place ici.

C'était en 1480, sous le règne de Charles 1er, duc de Savoie, dit le Guerrier. Un certain baron, qui avait nom de la Rochette, possédait une fille dont le cœur, au moment de notre histoire, brûlait d'amour pour un jeune écuyer. Béatrix, tel était son nom, était payée de retour; mais la naissance obscure et la condition subalterne de l'écuyer, il s'appelait Arnold, étaient une barrière impossible à franchir, et les deux tendres amants auraient peutêtre longtemps consumé leur flamme en secret, si le hasard, ou plutôt la Providence, n'était venue à

leur secours. Le baron de la Rochette fut pris
d'un mal tellement douloureux, que tous les re-
mèdes étaient devenus impuissants. Se voyant dans
cet état, il fit savoir qu'il accorderait la main de sa
fille et la moitié de son immense fortune à celui
qui pourrait le sauver.

Arnold était désolé, et l'idée seule qu'il allait
avoir comme rivaux, non seulement les seigneurs
du voisinage, mais encore tous les apothicaires de
la campagne, le mettait dans un état extrême d'exas-
pération. Il promenait sa douleur dans la solitude,
en faisant entendre des plaintes que l'écho, comme
pour le narguer, lui renvoyait. Il arriva qu'un
jour, il poussa si loin sa promenade qu'il finit par
s'égarer. Cependant il n'était pas seul dans ces
lieux, car bientôt il fit la rencontre d'un vieil ermite qui, voyant sur sa physionomie l'empreinte
de son chagrin, lui en demanda la cause. Arnold,
comme tous les amoureux, était expansif; il narra
son histoire, qui émut beaucoup le saint ermite.
Confidence pour confidence, celui-ci raconta à Arnold qu'il avait servi sous les ordres de Charles
le Téméraire, et que depuis la malheureuse bataille
de Nancy, où le duc de Bourgogne trouva la mort,
il était venu chercher un refuge dans la patrie de
sa mère pour consacrer le reste de ses jours à la
prière. Il fit plus. Dans une maladie dont il avait
été atteint, il eut l'occasion d'apprécier les qualités
de l'eau d'une source qui se trouvait près de là ; il
en emplit sa cruche et la donna à l'écuyer en lui
disant : « Va, mon fils, et reviens chaque fois que
la cruche sera épuisée ; il ne se passera pas deux
lunes avant que la santé du baron ne soit rétablie.
Va, et souviens-toi de l'ermite de Neuwzelle. » (1)
Arnold s'éloigna en remerciant le saint homme, et
revint, chaque fois que la cruche était vide, cher-

(1) Neuwzelle est devenu Neuvecelle par la suite.

cher l'eau salutaire de la source du vieux châtaignier. Les souffrances du baron de la Rochette diminuaient chaque jour : la prédiction du vieil ermite s'accomplissait, et les deux lunes n'étaient pas écoulées qu'il ne se ressentait plus d'aucun de ses maux. Il se rappela alors sa promesse, et Béatrix et Arnold furent réunis à jamais par l'hymen.

La source qui a rendu la santé au baron de la Rochette existe encore, et plus d'une fois son eau a servi à me désaltérer.

De Neuvecelle, l'excursioniste peut s'élancer, selon ses goûts et ses forces, soit dans la montagne, soit dans la plaine. Le chemin de la montagne est très-rapide et par conséquent très-fatigant ; il conduit à Saint-Paul, petit village qui n'a rien d'intéressant, si ce n'est son église, ornée avec beaucoup de goût. De là, on peut gagner les rochers des Memises, la cornette de bise ou la dent d'Oche, élevée de 2,225 mètres au-dessus du niveau de la mer et dont M. le comte d'Héricourt a accompli l'ascension, l'année dernière, avec sa famille. Mais je n'ai aucune des qualités du touriste, et je fus bientôt guéri, à cause des mauvais chemins que je trouvai, de la passion des promenades dans ces parages ; je préférais la route facile du Simplon, qui ne manque pas d'attraits, et dès lors je dirigeai mes pas de ce côté.

VIII.

Amphion. — La Dranse.

Commençons à gauche, par la route qui conduit à Thonon, première ville du Chablais.

C'est sur cette route, au bord du lac, que M. Walewski vient d'élever un délicieux chalet qu'il doit habiter cette année pour la première fois, et où il pourra désormais prendre quelques mois de repos.

Un peu plus loin se présente le joli casino des eaux ferrugineuses d'Amphion, auxquelles les ducs de Savoie et les rois de Sardaigne venaient demander la santé. Ces eaux sont renommées et d'une tonicité incontestable. Longtemps délaissées pourtant, elles tentèrent enfin un industriel français, qui loua à long bail ce lieu et fit bâtir un hôtel sur la façade duquel on lit en grosses lettres : *Restauration*, pour restaurant, sans doute. — Le casino fut embelli et le jeu *moral* de la roulette y fut installé. Mais, cruelle déception ! la roulette expulsée entraîna avec elle tout le monde élégant qu'elle y avait attiré, et à la voix monotone des croupiers : *Faites vos jeux ! rien ne va plus !* succéda pendant longtemps le silence. La vogue a ramené les étrangers à Amphion ; du reste, son site sans rival, le confortable de la vie, le luxe des appartements, son vaste jardin ombragé en font un séjour des plus agréables. Sa source, qui fortifie tant d'estomacs paresseux et débiles, est abritée par un petit pavillon décoré de cette inscription, dont la première lettre de chaque mot forme le nom d'Amphion :

Aquæ Meæ Prosunt Hominibus, Infirmis Omnium Nationum (1).

Ce tour de force d'esprit est dû, dit-on, à M. Joseph Dessaix, père du général, proto-médecin du Chablais, mort à Thonon en 1819.

A cinq minutes du hameau d'Amphion, sur le chemin du Miroir, qui côtoie le bord du lac, est un phénomène de végétation et de production qui mérite la peine d'être visité : c'est un poirier dont le tronc, à hauteur d'homme, a 3 mètres 45 centimètres de circonférence, et les branches s'élancent à plus de 70 pieds de hauteur. A une époque de

(1) Mes eaux sont utiles aux hommes malades de toutes les nations.

l'année, elles fléchissent tellement sous le poids des fruits, qu'il a fallu les soutenir par des barres de fer. La récolte la plus abondante fut celle de 1860, qui a produit plus de 2,000 litres de cidre. Toutefois cette étonnante production n'a lieu que tous les trois ans, les deux saisons intermédiaires donnent une récolte qui équivaut approximativement au tiers de celle de la troisième année.

Après ce léger écart, je reprends la route que j'ai un moment abandonnée.

Voici un vaste lit pierreux, où coule un torrent au courant disproportionné ; l'étendue du sol — et elle est large — est couverte des galets qu'il a charriés dans ses divers débordements. C'est la Dranse, le plus considérable et le plus terrible des affluents du lac, après le Rhône. Un pont très-long et très-étroit, en maçonnerie, et qui date du règne d'Amédée VIII, le traverse. La rivière de la Dranse est la réunion de trois torrents qui sortent d'autant de hautes et pastorales vallées d'un accès difficile ; elle est couverte à ce moment de bois flotté que des barques vont recueillir dans le lac et que l'on dépose ensuite sur la plage. On nous a assuré que plus de seize cents stères avaient été charriés ainsi cette année.

IX.

Ripaille.

Après avoir traversé le pont, on voit à gauche de la route, au milieu d'un sol plantureux, un bâtiment qui rappelle des souvenirs trop importants pour que nous les passions sous silence.

C'est le palais-ermitage de Ripaille, où nous allons nous arrêter un moment.

Le silence plein de charme et de mélancolie qui entoure ce gracieux séjour, était bien fait pour attirer un monarque qui, fatigué des affaires, cherchait un endroit où il pourrait finir ses jours en paix après un règne d'un demi-siècle. Ce fut le motif qui amena le duc Amédée VIII, surnommé le Pacifique et le Salomon de son siècle, à établir sa résidence dans ce lieu. Après avoir remis les rênes de son royaume en des mains sûres, il revêtit l'habit d'ermite de Saint-Maurice, avec cinq gentilshommes de sa cour qui avaient voulu le suivre dans sa retraite. Paradin, qui a décrit leur costume, nous apprend qu'ils portaient « une riche ceinture dorée, un chaperon gris, avec une cornette d'un pied ou environ de longueur (chaperon à la mode du temps passé, auquel pendait ladite cornette), et un bonnet vermeil (rouge) comme ceux des cardinaux. »

Ajoutons qu'une croix d'or pendait à leur cou, qu'ils portaient la barbe et les cheveux longs, et un bâton noueux et tortu à la main quand ils paraissaient en public. Quoi qu'ait dit cet auteur des macérations de ces ermites, la plupart des chroniqueurs prétendent que le duc ainsi que ses gens se faisaient servir du meilleur vin et des meilleures viandes qu'on pouvait rencontrer. Cette manière de vivre eut bientôt son non dans la langue française; on appela cela « faire ripaille. » Le mot se popularisa, et c'est ainsi qu'il vint jusqu'à nous.

Quoi qu'il en soit, c'est dans cette retraite que l'on vint chercher Amédée VIII, en 1439, pour le placer sur le trône pontifical sous le nom de Félix V, en remplacement d'Eugène IV, déposé par l'assemblée de Bâle. L'Église, à cette époque, était bouleversée par un schisme qui désolait la chrétienté; l'acte du concile de Bâle ne fit qu'augmenter le trouble et la division. La papauté, ou pour mieux dire l'anti-papauté de Félix V, ne dura pas moins de neuf ans, en dépit de la colère de son prédécesseur, qui l'appelait *Veau d'or, Ante-Christ, Cerbère.* Il se retira de la lutte à la suite de la défection du roi d'Aragon, après avoir passé avec Nicolas V, qui lui succédait, un traité qui lui assura la seconde place dans l'Eglise.

L'ermitage de Ripaille, après la mort d'Amédée, rentra dans l'obscurité. Saint François de Sales y transféra plus tard la chartreuse de Vallon. Mais les invasions des Bernois et des Français y portèrent le dernier coup. Ce n'est plus maintenant qu'une vaste maison d'exploitation rurale.

J'ai déjà dit que, depuis le lac, on remarquait une tour dans laquelle un noyer déploie ses branches au sommet, comme une fleur dans un vase. La tradition veut que cette tour renferme des trésors vainement cherchés depuis plusieurs années. Quant au noyer pittoresque, il doit son origine, — toujours d'après la tradition, — à une noix de diamant de la plus belle eau, apporté par un corbeau du fond des enfers. Lorsque la nuit est noire et que règne la tempête, du sein de la terre il jette encore ses reflets de feu, et le corbeau apparaît de temps en temps pour veiller à la garde du trésor. Personne ne pourrait en ce moment approcher de la rive, et son cri lugubre jette l'épouvante dans l'âme du nautonier qui la côtoie.

Si vous voulez bien me suivre maintenant, je vais vous ramener pour la seconde fois sur le chemin que nous avons quitté pour venir à Ripaille, et vous conduire à Thonon.

X.

Thonon.

La ville de Thonon a une population de 4 à 5,000 habitants. Sa principale rue est assez mal bâtie. En arrivant d'Evian, on se trouve d'abord sur une esplanade ombragée d'arbres touffus, qui domine le lac dans sa plus grande largeur. Lorsqu'on s'ap-

puie au parapet, on aperçoit en abîme la cime
des arbres inférieurs et les toits désordonnés des
maisons de la ville basse, où se trouve le port.

L'église de Thonon est située dans la Grande
Rue. De chaque côté de son portail sont peints de
grands médaillons au milieu desquels on reconnaît
aisément le duc Amédée et l'apôtre du Chablais,
saint François de Sales. On trouve à l'intérieur des
antiquités remarquables qu'un archéologue érudit,
M. le comte d'Héricourt, a l'intention de décrire
dans un travail spécial. Nous lui laissons ce soin,
persuadé qu'il s'en acquittera mieux que nous. Il
est bon cependant de citer une magnifique croix de
cristal, dont nous regrettons de ne pas connaître
l'origine.

Thonon n'offre à l'étranger aucun genre d'agrément, et lorsque le voyageur a visité Ripaille et les
Allinges, rien ne peut le retenir dans cette ville.

Puisque j'ai cité le nom des Allinges, il est bon
que j'y conduise le lecteur.

XI.

Les Allinges.

Les découpures fantastiques des ruines du château ou plutôt des châteaux (car il y en avait deux)
des Allinges, couronnent la crête d'un monticule et
se voient déjà avant d'arriver à Thonon. Ces masses
de décombres, séparées par un large espace re-
couvert de futaies, produisent un effet assez pitores-
que au milieu de ces plantureuses campagnes et au-
dessous des croupes élevées qui encaissent les
gorges de Bellevaux et du Biot. Pour s'y rendre,
il faut sortir de Thonon, quitter à un ou deux kilomètres de cette ville la route de Genève pour
prendre à gauche une voie assez large, bordée de
châtaigniers, qui conduit directement au pauvre et

humble hameau des Allinges, situé au pied de la montagne. Près de ce chemin, à gauche, coule la fontaine de la Versoie où, selon la tradition, saint François de Sales se désaltérait souvent lorsque, après avoir terminé sa mission évangélique, il remontait user de l'hospitalité que lui donnait le baron d'Hermance dans son manoir des Allinges.

Il ne faut guère que vingt minutes pour arriver au sommet de ce monticule, où le sentiment de la fatigue fait rapidement place à celui de la surprise. On pénètre sur ce plateau par une grande porte béante, dans l'enceinte de la forteresse démantelée, dont il ne reste que des murailles éboulées, envahies par des plantes de toute nature. Avancez encore..... et maintenant, de quelque côté que vous dirigiez votre vue, vous ne pouvez vous lasser d'admirer cet assemblage de collines, de villages, de vignobles, de montagnes, d'eau azurée. Vouloir tenter de décrire ce sublime tableau que la peinture pourrait à peine reproduire, serait une chose impossible : aussi ne l'essaierai-je pas, car j'épuiserais vainement toutes les formules admiratives avant d'y arriver.

Parmi tous ces vestiges de constructions militaires, la chapelle et un bâtiment qui lui sert d'annexe sont seuls restés debout ; et encore le doit-on à d'importantes restaurations. La chapelle, qui de loin paraît former la circonférence, n'est qu'une demi-circonférence qui s'appuie au chevet du chœur. C'est un lieu de pèlerinage qui n'a rien de remarquable. L'édifice est éclairé par des ouvertures en forme de croix ; sur les murailles du chœur on voit encore des traces de fresques. On y conserve religieusement le chapeau de l'apôtre du Chablais.

M. Alfred de Bougy dit y avoir trouvé deux tablettes de marbre ; elles me sont passées inaperçues.

L'une porte, paraît-il, une inscription latine dont voici la traduction :

« Ici le bienheureux de Sales répandit des larmes et pria ardemment pour des concitoyens égarés qu'il trouva d'abord ennemis déclarés de l'Eglise catholique, et qu'il finit par rendre ses plus fidèles enfants. Accourez donc auprès du pasteur, de l'apôtre, du père, peuples du Chabais; accourez, étrangers; accourez, Genevois ! »

Mais toutes ces brebis égarées ne s'empressèrent pas beaucoup d'accourir à la voix du bienheureux de Sales, et on sait toutes les embûches qu'il eut à déjouer, tous les périls qu'il eut à traverser, toutes les fatigues qu'il eut à éprouver pour convertir le Chablais, où régnait alors sans partage le protestantisme.

Une fois, par une nuit noire, il s'égare avec le valet qui l'accompagne en regagnant son refuge inexpugnable, et après avoir fait bien du chemin, ils arrivent dans un hameau dont toutes les maisons étaient fermées. Ils frappent à toutes les portes, disant qu'ils sont exposés à périr de froid ; le valet nomme son maître sottement, ce qui fait qu'on n'a garde d'ouvrir, car tous les habitants sont d'obstinés calvinistes. Ils finissent cependant par rencontrer le fournil du village encore chaud et s'y blottissent jusqu'au jour.

Une autre fois, il reste toute la nuit exposé à la pluie, n'ayant pu se faire admettre chez des paysans inhumains.

Une autre fois encore, il couche à la belle étoile au milieu d'une roine de bois, et médite pendant que les ours et les loups hurlent tout près de lui.

On n'en finirait pas de raconter toutes les vicissitudes que saint François de Sales eut à supporter dans sa pénible tâche. La persévérance était son apanage, et les heureux résultats qu'il obtenait chaque jour lui faisaient oublier ses peines et ses dangers.

En sortant de l'oratoire, je poursuivis mon excursion dans les ruines, et laissai errer mon imagination à travers les âges. Chaque pierre prenait une forme humaine, et bientôt je me vis entouré de tout un monde de guerriers bardés de fer, faisant résonner les dalles du bruit de leurs piques; de valets aux livrées étincelantes; de seigneurs au regard fier et hautain, à la lèvre dédaigneuse; de châtelaines devisant d'amour en écoutant le chant du ménestrel. Ce rêve aurait duré longtemps et l'histoire entière de ce château se serait déroulée dans ma pensée, si l'air frais, mélangé de quelques gouttes d'eau, ne m'avait rappelé à la réalité. Je m'empressai de regagner Thonon, après avoir jeté un dernier coup d'œil sur toutes les beautés qui m'entouraient.

XII.

La Grande-Rive. — La Petite-Rive.

Traversons de nouveau le pays que je viens de décrire et revenons à Évian, pour voir maintenant ce qu'il y a d'agréable, de beau et de curieux sur cette partie de la route du Simplon.

Si ce côté est moins riche de souvenirs anciens que celui que nous venons de parcourir, il n'en a pas moins son charme, et un auteur très-peu connu, M. Georges Mallet, a écrit sur ces contrées quelques pages empreintes d'une grande vérité d'observation et d'une certaine poésie pastorale.

« Des villages de pêcheurs à demi-cachés par les arbres qui les entourent, la Grande-Rive, la Petite-Rive, la Tour-Ronde (1), à peu de distance les uns

(1) N'allez pas augurer de cela que cette tour soit ronde: c'est un bâtiment carré, à moitié délabré et percé de petites fenêtres qui ont dû servir de meurtrières à l'époque où chaque seigneur se fortifiait chez lui.

des autres, abritent une population nombreuse. De longs conduits soutenus par des piliers en bois vont chercher l'eau sur la pente de la colline, la transportent au-dessus des vergers, des champs et des jardins, traversent quelquefois la grande route (1) et viennent mettre en mouvement la meule qui doit broyer le grain, écraser le fruit et les noix, ou briser l'écorce nécessaire au tanneur. Le ruisseau fait aussi agir la scie qui sépare en feuilles minces le tronc des gros arbres....

« Les filets dont on s'est servi pendant la nuit sont étendus sur des piquets le long de la grève ; des pêcheurs les réparent, d'autres fabriquent des cordes avec la seconde écorce du tilleul ; les bateaux sont retirés sur le rivage, à l'ombre des noyers on radoube de vieux bâtiments, et la noire fumée du goudron s'élève dans les airs. Les femmes et les filles des pêcheurs assises devant leurs portes fabriquent des filets ; la navette passe et repasse, les nœuds se serrent sous la main rapide de l'ouvrière.

« Des enfants couvrent la plage, ils imitent les travaux de leurs pères, et jettent leurs hameçons à l'embouchure des torrents. Dans les jours d'été, on les voit se précipiter en riant du haut d'un bateau dans le lac, et se familiariser avec un élément qu'ils doivent apprendre à braver.

« Tantôt de la route on découvre l'immense bassin du lac et la côte de Suisse, tantôt un rideau de verdure voile à demi les flots.

« Des prairies et des forêts, des rochers taillés à pic, des pointes de terre qui s'avancent dans les eaux, des granges sous les châtaigniers embellissent cette route. De petites flottes parties du Boveret ou de Saint-Gingolph s'approchent du rivage ; quelquefois la barque chargée de pierres ou de

____

(1) Ils ne la traversent plus aujourd'hui.

chaux se trouve arrêtée par le calme : le conducteur attache une longue corde à l'extrémité du mât et fait remorquer son bâtiment.

« Ces grandes voiles qu'enfle un souffle imperceptible du vent, rasent le feuillage et projettent leur ombre sur le bord; quelquefois deux barques, ainsi conduites se rencontrent, cheminant en sens inverse... »

Cette description est d'une rigoureuse exactitude; tous ces détails, ces moindres faits, je les ai remarqués bien souvent, car cet Eden était généralement le but de mes promenades. Il est cependant une chose qui a été omise par l'auteur précité, en parlant de la Tour-Ronde : c'est la légende qui s'y rapporte. Je vais y suppléer de mon mieux.

XIII.

La légende de la Tour-Ronde.

C'était en 1536. Le duc Charles III, impuissant à arrêter François Ier, laissa celui-ci s'emparer sans coup férir de la Savoie, à l'exception du Chablais, sur lequel se jettent les Bernois et les Valaisans. Le 28 mars, les troupes combinées de Berne et de Genève attaquèrent la redoutable forteresse de Chillon, où gémissait dans les fers, depuis six ans, le patriarche de la liberté Bonivard. Sur les remparts flottait encore le drapeau de Savoie; mais le château ne demandait qu'à capituler, et aussitôt la nuit venue, on engagea des pourparlers. Pendant ce temps, Antoine de Beaufort, capitaine de la grande galère de Chillon, profitant des ténèbres, enfouit ses trésors en lieu sûr, prit le large avec une partie de ses troupes, aborda à la Tour-Ronde, mit le feu à son embarcation et jeta son artillerie dans les flots pour fuir plus rapidement dans les montagnes.

Telle est l'histoire ; voici maintenant la légende :

Au milieu de tant de lâchetés, un seul homme, un de Blonay, puissante famille dont l'honneur, le courage et la fidélité étaient connus, préféra mourir que d'abandonner son prince et sa foi. Il se lança sur sa monture dans le lac et atteignit ainsi, à la nage, la rive chablaisienne. Mais voici le plus merveilleux. Le cheval perdit un de ses fers dans le gravier sur lequel il s'abattit, et le lendemain on vit sourdre une source d'eau ferrugineuse à laquelle le peuple attribua dès lors les propriétés les plus étonnantes dans la thérapeutique. On montre encore aujourd'hui l'endroit de la rive où vinrent s'abattre, ruisselants des eaux du lac et brisés de fatigue, cheval et cavalier. Il est indiqué à la Tour-Ronde, vis-à-vis du château de Blonay, par la chapelle ruinée de Saint-André. C'est là aussi qu'avait abordé, quelque heures auparavant, le traître de Beaufort.

XIV.

Regrets !

Meillerie, où se trouve la fameuse grotte de Jean-Jacques Rousseau, n'était pas très-éloigné de là. J'aurais voulu voir ce lieu d'où Saint-Preux, le héros de la *Nouvelle-Héloïse*, écrivait à Julie : « Une file de rochers stériles bordent la côte et environnent mon habitation..... J'y ai trouvé dans un abri solitaire une petite esplanade d'où l'on découvre en plein la ville heureuse que vous habitez..... Vous connaissez l'antique usage du château de Leucate, dernier refuge de tant d'amants malheureux. Ce lieu lui ressemble à bien des égards. La roche est escarpée, l'eau est profonde et je suis au désespoir. »

Mais l'homme propose et... le temps dispose ; je fus obligé de repartir avant d'avoir pu mettre mon projet à exécution.

Il me reste, avant de terminer, à vous parler des deux villes suisses de Lausanne et de Vevey, que je visitai en un seul jour.

XV.

Lausanne.

Le voyage d'Evian à Lausanne est facile, et le bateau à vapeur me déposait sur la rive suisse au port d'Ouchy, 30 minutes après mon départ. Je grimpai à Lausanne, où l'on n'arrive que par un chemin très-escarpé. Rien n'est plus curieux en effet que cette ville, perchée sur de petites montagnes du haut desquelles un flot de maisons coule dans le ravin qui le sépare, et coiffée, selon l'expression de Victor Hugo, comme une tiare par sa cathédrale.

Notre-Dame de Lausanne passe pour être l'une des plus belles églises gothiques de l'Europe. Le culte catholique, qui y fut célébré pendant longtemps, y avait, paraît-il, entassé de riches ornements. Mais tous les tableaux, les châsses, les flambeaux, les reliques, les statues ont, les uns été pillés, les autres brisés lors des événements religieux dont ce pays fut le théâtre, et de l'église on a fait un temple sévère et froid, où le cœur se glace dès qu'on y a pénétré.

Je ne vous parlerai ni des verrières, ni des nombreux cénotaphes, parmi lesquels on remarque ceux des évêques de Lausanne, d'Othon de Grandson, de Félix V et de l'aïeul de Benjamin Constant, ni des stalles de chêne fouillées avec un art infini, mais dont les sujets n'ont pas toujours le caractère de décence qu'ils devraient avoir, soit dans une église, soit dans un temple; j'ai hâte de sortir de cette enceinte nue donnant asile à la nudité.

La terrasse de la cathédrale domine toute une partie de la ville. On ne peut y parvenir que de deux côtés. Pour y arriver de plain pied, il faut faire un grand détour; l'autre moyen est plus pénible : c'est une rue garnie du haut en bas d'escaliers en bois recouverts d'un toit; il y a bien à côté une chaussée, mais elle est pour ainsi dire impraticable.

Le parapet de cette terrasse est couvert de noms et de dates. On a de ce point l'une des plus belles vues du lac Léman et de la Suisse ; et c'est sans doute de là que Voltaire écrivait à un de ses amis l'épître suivante, modèle de style : « ...Il n'est point de plus *bel* aspect dans le monde. La pointe du sérail de Constantinople n'a pas une plus *belle* vue; je ne puis me lasser de vingt lieues de ce *beau* lac, des campagnes de la Savoie, des Alpes qui les couronnent dans le lointain... »

Le musée cantonal est intéressant; mais, pour le visiter, il s'agit de trouver le gardien, ce qui n'est pas chose facile. On y voit entre autres choses un canon et un obusier de la bataille de Grandson, des antiquités égyptiennes et grecques, et tout ce qui constitue l'âge de pierre et l'âge de fer. Grande fut ma surprise d'y rencontrer une collection d'objets ayant appartenu à l'empereur Napoléon Ier.

Cette collection se compose de trois selles complètes en velours cramoisi, bordées de larges galons d'or, portant le numéro du 100e régiment ; de plusieurs fusils garnis en argent et damasquinés ; d'une clef de Longwood; d'un fragment de l'enveloppe du tombeau du martyr de Sainte-Hélène, et d'une pointe du fer qui entourait le cercueil. Tout cela, renfermé sous un grand globe de verre, a été donné au musée par un certain M. Noverras, qui remplissait, paraît-il, une charge auprès de l'Empereur. Ce n'est pas sans une certaine émotion que je contemplai ces objets dont se servait, il n'y a guère qu'un demi-siècle, l'un des plus grands hommes de notre siècle. Il est regrettable toutefois que l'étranger soit en possession de cette importante collection, et si

la France faisait des ouvertures au musée cantonal
de Lausanne, nul doute qu'elle ne parviendrait à
l'obtenir, soit par des échanges, soit par une acqui-
sition. Espérons que l'on tentera quelques démarches
à ce sujet !

Le château, massif de briques, flanqué à ses an-
gles de quatre tourelles, orné de machicoulis, mérite d'être vu.

C'était autrefois la résidence des évêques de Lausanne ; les baillis de Berne l'habitèrent ensuite ; il
sert maintenant aux réunions du gouvernement
cantonal. L'intérieur est décoré d'une manière
somptueuse : dans la principale pièce surtout, on
voit sur toute la surface du plafond les écussons des
évêques. On y montre aussi l'entrée d'un souter-
rain qui reliait autrefois la cathédrale avec le château.

Voilà, selon moi, ce qu'il y a de plus curieux à
visiter à Lausanne.

Quant à donner une description plus étendue de
cette *Bysance suisse*, — c'est ainsi que l'appelle
Valéry, — je n'oserais guère le tenter, après tout
ce qu'en ont dit Voltaire, Jean-Jacques Rousseau,
Sainte-Beuve , Châteaubriant, Victor Hugo, et nombre de savants qui ont séjourné dans cette ville.

Voltaire surtout, qui l'habita longtemps, se plai-
sait beaucoup dans sa campagne de Monrion, qu'il
appelait sa « petite cabane, » son « palais d'hiver. »
Il s'était arrangé une maison à Lausanne, où il
avait, disait-il, « quinze croisées de face en cintre,
donnant sur le lac à droite, à gauche et par devant,
cent jardins au-dessous de son jardin... »

La vie que menait là le philosophe de Ferney
était tout à fait mondaine. Il avait une société
choisie, dont il profita pour faire représenter ses tra-
gédies sur un théâtre établi dans la campagne de
Monrepos, qui appartenait au marquis de Langa-

lerie. Laissons-le parler, il va nous dire lui-même ce qui s'y passait et le rôle qu'il y jouait.

» Je fais le bonhomme Lusignan... cela me convient fort. — Je vous avertis sans vanité que je suis le meilleur vieux fou qu'il y ait dans aucune troupe. — Nous avons un bel Orosmane, un fils du général Constant... un très-beau et très-bon Orosmane, un Nérestan excellent, un joli théâtre, une assemblée qui fondait en larmes. — Madame d'Hermenches a très-bien joué Enide, et que dirons-nous de la belle-fille du marquis de Langalerie, belle comme le jour? Elle devient actrice. Son mari se forme, tout le monde joue avec chaleur, vos acteurs de Paris sont à la glace. — Je voudrais que vous eussiez passé l'hiver avec moi à Lausanne, vous y verriez des pièces nouvelles exécutées par des acteurs excellents, les étrangers accourir de trente lieues à la ronde, et mon pays roman, mes beaux rivages du lac Léman devenus l'asile des arts, des plaisirs et du goût.—On croit, chez les badauds de Paris, que toute la Suisse est un pays sauvage ; on serait bien étonné si l'on voyait jouer Zaïre à Lausanne, mieux qu'on ne la joue à Paris ; on serait plus surpris encore de voir deux cents spectateurs aussi bons juges qu'il y en ait en Europe...J'ai fait couler des larmes de tous les yeux suisses..... Les acteurs se sont formés en un an ; ce sont des fruits que les Alpes et le mont Jura n'avaient point encore portés. César ne prévoyait pas, quand il vint ravager ce petit coin de terre, qu'il y aurait là un jour plus d'esprit qu'à Rome. »

Cet état de choses dura tant que Voltaire resta à Lausanne; mais dès qu'il se fut retiré à Ferney, la société dont il était l'âme se trouva dissoute, et le goût de la littérature dramatique, qu'il avait introduit dans cette ville, se perdit peu à peu. Son caractère hargneux, son humeur revêche et difficile, dont beaucoup de ses contemporains eurent à se plaindre, furent, dit-on, les motifs qui le brouillèrent avec ses acteurs et ses actrices, et l'obligèrent à abandonner un séjour qu'il estimait tant.

Pendant que nous sommes à Lausanne, je ne veux point passer sous silence l'anecdote originale que l'on y débite sur un historien anglais bien connu. Je veux parler d'Edouard Gibbon (1). Gibbon était loin, paraît-il, de posséder des qualités physiques. Une petite figure, une tête informe, un corps énorme, des jambes grêles, tel était son portrait. Cela ne l'empêcha pas, toutefois, de s'éprendre de M⁰ᵉ de Montolieu, et, un jour qu'il l'avait trouvée seule, de se jeter à ses genoux pour lui faire l'aveu de sa flamme.

Mme de Montolieu, à cette déclaration, put à peine réprimer une furieuse envie de rire, et faisant entendre à Gibbon que sa passion n'était pas partagée, le pria, moitié sévèrement, moitié gaîment, de se relever.

Mais ce n'était pas chose facile pour le corpulent adorateur, qui ne put que balbutier :

— Oh ! madame!... je ne puis.

Une nouvelle injonction de se relever n'obtint pas plus de succès, on le conçoit facilement.

— Je ne puis, hélas ! ajouta Gibbon d'un ton suppliant.

Mme de Montolieu, qui se méprenait ou feignait de se méprendre sur le sens de ces derniers, sonna

(1) Edouard Gibbon est né en 1737 dans le comté de Surrey. Quoique fort jeune encore, il changea deux fois de religion ; il passa du protestantisme au catholicisme après la lecture de l'*Histoire des variations* de Bossuet, puis revint du catholicisme au protestantisme pour se conformer au désir de ses parents. Gibbon a publié un grand nombre de travaux qu'il serait trop long de citer ; son talent a été fort bien apprécié par M. Villemain dans le *Tableau de la littérature au* xviiiᵉ *siècle.*

un domestique, et de la main lui indiquant son adorateur toujours à genoux.

— Aidez monsieur à se relever, dit-elle.

Gibbon, soulevé par le domestique et replacé dans un fauteuil, eut tout le loisir de se remettre de son désappointement et de sa confusion.

Arrêtons-nous, car nous n'en finirions pas avec tous les souvenirs que nous rappelle la cité Vaudoise, et de ce lieu passons à Vevey.

XVI.

Vevey.

Vevey est une jolie petite ville de cinq à six mille habitants. En y arrivant par le bateau à vapeur, on a en face de soi un magnifique château, d'un style très-coquet. Un peu plus loin est la halle aux blés, ornée de colonnes de marbre.

Un autre édifice assez remarquable est l'église de Saint-Martin, qui s'annonce de loin par son clocher élevé. Il renferme les sépultures de deux Anglais célèbres : du général Edmond Ludlow, qui fut l'un des juges de Charles Ier, et de l'amiral Andrew Broughton, qui lut à ce monarque sa sentence de mort. Genève avait refusé un asile à ces deux hommes exilés par Charles II, Berne leur accorda aide et protection. Ludlow et cinq de ses compagnons se retirèrent à Vevey, où ils furent bien accueillis, et où toute la ville, pour ainsi dire, s'occupa de les garder, depuis surtout que l'un d'eux, Lisle, avait été assassiné à Lausanne par des émissaires anglais. On leur permit, en cas de nécessité, de sonner la cloche d'alarme, ce qu'ils pouvaient faire sans sortir de leur logement, parce qu'il touchait la porte orientale. Le premier mourut en 1687, à l'âge de 84 ans, et le second en 1693, âgé de 72 ans.

Chacun des deux vieillards — c'est Victor Hugo

qui fait cette remarque — a pris une posture dif-
férente dans le tombeau. « Edmond Ludlow s'est
envolé joyeux vers les demeures éternelles, *sedes
æternas lætus advolavit*, dit l'épitaphe debout contre le mur ; Andrew Broughton, fatigué des travaux
de la vie, s'est endormi dans le Seigneur, *in Do-
mino obdormivit*, dit l'épitaphe couchée à terre.
Ainsi, l'un joyeux, l'autre las ; l'un a trouvé des
ailes dans le sépulcre, l'autre y a trouvé un oreiller.
L'un avait tué un roi et voulait le paradis ; l'autre
avait fait la même chose et demandait le repos. »

Vevey est plutôt une colonie britannique qu'une
ville suisse. Chauffée par les pentes méridionales
du mont Chardonne comme par des poêles, et
abritée par les Alpes comme par un paravent, c'est
le plus charmant séjour que l'on puisse trouver
pour y passer le printemps ou l'automne. En été,
cette ville est délaissée pour d'autres régions plus
fraîches.

Jean-Jacques Rousseau avait pour Vevey un
amour qui le suivit dans ses voyages et qui le dé-
cida à y établir le héros de son roman. « Allez à
Vevey, dit-il dans ses *Confessions* à ceux qui sont
doués de goût et de sensibilité ; parcourez le pays,
examinez les cités, promenez-vous sur le lac :
voyez si la nature n'a pas créé tout cela pour une
Julie, pour une Claire et pour un Saint-Preux ;
mais ne les y cherchez pas. »

Les coteaux de Vevey sont couverts de vignes,
et une bonne partie de sa célébrité est due à la
Fête des Vignerons, solennité séculaire qui attire
ordinairement vingt ou trente mille étrangers. Tous
les journaux, à l'occasion de la dernière solennité,
qui a eu lieu en 1865, ont décrit la fête des vignerons, dont l'origine se perd dans la nuit des âges ; je
ne vois donc pas l'utilité d'y revenir. C'est à cette
occasion que l'on chante le célèbre *Ranz des Vaches*,

qu'un mauvais plaisant de Genève a appelé la *Marseillaise des bestiaux*. Partout en Suisse on retrouve en musique cette poésie champêtre, accompagnée de la traduction, et dont le premier couplet commence ainsi :

Lé zarmailli dei Colombetté
Dé bon matin sé sont léha
Ha, ah! ha, ah!
Liauba! liauba! por aria!

XVII.

Fin du voyage.

Le dernier bateau s'annonçait au loin par une noire colonne de fumée qui s'élevait en spirale; je m'empressai de me rendre sur le port pour prendre mon passage pour Evian. Le *Simplon*, après avoir déposé et embarqué de nouveaux voyageurs, reprit sa course rapide. Il était tout pavoisé de drapeaux, et un certain nombre d'hommes qui se tenaient sur le pont avaient chacun à leur chapeau une aigrette jaune : c'étaient des tireurs qui allaient coucher à Genève, pour assister au tir de Carouge, dont l'ouverture devait avoir lieu le lendemain.

Ces tirs sont très-fréquents en Suisse, et, dans quelque ville qu'ils aient lieu, il ne manque pas d'amateurs pour se disputer les prix, donnés la plupart par des particuliers, et qui consistent en services de ménage, bois de chauffe, bijoux, armes, comestibles, etc.

Deux jours après, je quittais, pour rentrer à Paris, ce château de Neuvecelle où pendant un mois j'avais reçu une si gracieuse hospitalité, et le bateau savoisien *le Chablais* me recevait à Evian pour me ramener à Genève.

Malgré une forte houle, je ne cessai de rester sur le pont pendant que le bateau cotoyait la rive savoisinne, et de me repaître de la vue des paysages

que j'avais parcourus. Puis, lorsque l'éloignement
et la brume qui s'étend sur le lac m'eurent dérobé
le dernier coin de terre du Chablais, qui, comme
au poète, m'avait apparu

> Ainsi qu'une corbeille avec art embellie,
> De rameaux contournés, et de beaux fruits remplie,

je descendis dans le salon pour écrire, pendant
que j'étais encore sous le charme de toutes ces
beautés, les notes qui ont servi à cette relation.

En voyant ces magnificences de la nature, on
comprend qu'un cerveau ardent soit porté à la poésie, et le nombre est grand de ceux qui ont chanté
cette nouvelle, mais belle partie de la France. Mais
il faut voir par soi-même pour bien se rendre compte
de ce pays, et je ne peux que me joindre à ce poète
dont le nom m'échappe, pour dire :

> Pèlerins de la terre, avides voyageurs,
> Parcourez le Chablais, vous verrez le Bosphore.

Les littérateurs et les artistes trouveront là toutes
les scènes sublimes de la nature, les impressions
profondes, enfin tous les genres de beautés que
leur imagination ardente peut enfanter ; les philo-
sophes, un aiguillon à leur curiosité émoussée ; les
touristes, des montagnes et des pics à gravir ; et le
blond fils de la brumeuse Albion, un puissant re-
mède contre cette terrible maladie du *spleen* qui le
consume.

ERRATA.

Page 5, lignes 1 et 8, *au lieu de :* Commettant, *lisez :*
Comettant.
Page 5, ligne 21, *au lieu de :* matières, *lisez :* matière.
Page 12, ligne 32, *au lieu de :* Maxille, *lisez :* Maxilli.

TABLE.

Imp. A. Lançon et Fils, à Lons-le-Saunier.—1994-66.

www.ingramcontent.com/pod-product-compliance
Lightning Source LLC
Chambersburg PA
CBHW061623060726
47597CB00005B/1783